KARL PILSL

45plus

Die Faszination der
zweiten Lebenshälfte

Erschienen im Verlag:

Verlag Gute Nachricht GmbH
Freyunger Str. 53 a | D-94146 Vorderschmiding
Telefon 08551 9149-0 | Fax 08551 9149-14
E-Mail: office@verlag-gute-nachricht.de
www.verlag-gute-nachricht.de

1. Auflage, Juni 2010

ISBN 978-3-935760-31-7

INHALTSVERZEICHNIS

EINLEITUNG

Liebe Leserin, lieber Leser,

die „Faszination der zweiten Lebenshälfte" fasziniert mich. Was bewegt mich, mich mit diesem Thema zu befassen?

Ganz einfach die Erfahrungen aus meinem eigenen Leben und die daraus entstandene Gewissheit, dass man auch jenseits von 50 noch eine Menge bewegen kann – wenn man will. Und wenn man das richtige Bewusstsein dafür hat.

In den letzten Jahren habe ich zu über 100.000 Menschen in Live-Veranstaltungen, Seminaren, Vorträgen, Kongressen und Konferenzen gesprochen und immer wieder feststellen müssen: Menschen über 50 – oder gar über 60 – tun sich schwer damit, noch eine Langzeit-Perspektive für ihr Leben zu haben. Wenn ich in meinen Vorträgen von Träumen, Visionen und Zielen spreche, so meinen manche, das sei etwas für junge Menschen. Aber schon die Bibel zeigt und sagt uns ganz deutlich, dass sowohl junge als auch alte Menschen Träume, Visionen und Ziele haben.

Ich persönlich bin fest davon überzeugt, dass die Zeit gekommen ist, den Menschen über 50 zu sagen: „Deine Zukunft hat gerade erst begonnen."

Ich persönlich bin auch fest davon überzeugt, dass es unsere Aufgabe ist, Menschen jenseits von 50 zu ermutigen, zu inspirieren und sie dabei auch zu unterstützen, die zweite Halbzeit neu zu gestalten, die Fruchtbarkeit der zweiten Lebenshälfte zu erkennen, daran zu arbeiten und sich nochmals voll zu entfalten.

Ja, es ist für viele Menschen die Zeit gekommen, sich persönlich und/ oder beruflich neu zu orientieren. Ganz besonders für Menschen in ihrer zweiten Lebenshälfte. Hier schlummern ungeahnte Potenziale und eine Menge „Sanierungskapital" für unser Land.

Stell dir vor, was passieren würde, wenn die vielen Menschen jenseits von 50, ausgestattet mit den tollsten Erfahrungen, Potenzialen, Beziehungen, Fähigkeiten und ihrer Menschenkenntnis für die nächsten 20 bis 30 Jahre nochmals richtig durchstarten würden?

Wie würde unser Land aussehen, wenn uns das gelingen könnte?

Wie viele Arbeitsplätze könnten hier für junge Menschen geschaffen werden?

Wie viele ganz neue, revolutionäre Problemlösungen würden in unserem Land entstehen, wenn wir älteren Semester mit unseren menschlichen Fähigkeiten uns in jüngere Menschen mit ihren einzigartigen Talenten nochmals so richtig investieren würden?

Das Sanierungskapital steckt in uns, in uns Menschen und in unseren Talenten, nicht bei den Banken oder gar beim Staat.

Es gibt nichts Gutes, außer **WIR** tun es.

Viel Freude beim Lesen

Karl Pilsl

Das Leben fängt mit 50 an.

Die Jahre zwischen 50 und 80

sind 30 Jahre.

Das sind genauso lange 30 Jahre

wie die zwischen 20 und 50.

Nur ist deine Ausgangsposition

mit 50 bei Weitem besser als die,

die du mit 20 hattest.

KAPITEL 1

My Life and my Story — eine Inspiration

Ein „Totengräber-Sohn" zieht aus, um die Welt zu gewinnen

Ja, mein Leben ist ein einzigartiges Erlebnis. Im wahrsten Sinne des Wortes. Als ich diese Zeilen schreibe, bin ich 62. Also kurz nach der Halbzeit. Und die zweite Hälfte wird noch viel besser.

Ich möchte es kurz machen: zweimal verheiratet, insgesamt acht Kinder und bisher elf Enkelkinder, sechs Kinder mit meiner zweiten Frau Monika in einer Patchwork-Familie selbst großgezogen, viele Jahre davon in Amerika, wo unsere Kinder die Schule besuchten und wir unseren geschäftlichen Dingen nachgegangen sind, die unser Herz so richtig erfreuten.

Aufgewachsen in armen Verhältnissen im österreichischen Mühlviertel, unweit der tschechischen Grenze, dem eisernen Vorhang – als zweiter Sohn eines Totengräbers und Landwirtes. Aber Unternehmerblut floss von Anfang an in mir. Ich lernte ein Jahr Tischler, war dann einige Jahre im öffentlichen Dienst und in der Politik tätig, aber seit meinem 18. Lebensjahr auch Unternehmer. Die Möglichkeit mein Leben selbst zu gestalten, faszinierte mich von Kindheit an.

Weder mein Bruder noch ich war bereit, die „Totengräberei" unseres Vaters weiterzuführen – wir waren beide visionäre, unternehmerische Menschen.

Mein Bruder und ich haben dann von 1970 bis 1976 ein Unternehmen mit mehr als 200 Mitarbeitern aufgebaut und 1976 den zweitgrößten Konkurs Österreichs hingelegt. Das war eine schlimme Zeit. Mit 28 Jahren wieder alles zu verlieren – nicht nur das, sondern auch mit vielen Millionen Schulden (durch Bürgschaften) und einem ruinierten Ruf in die Zukunft gehen zu müssen.

Aber wir beide sind „Stehaufmännchen", das haben wir von unserem Vater gelernt. Wir haben uns beide sofort wieder selbstständig gemacht – trotz widrigster Umstände – und sind dann beide einen sehr erfolgreichen Weg gegangen. Mein Bruder als Türenfabrikant, ich als Marktforscher (Österreichische Bau-Marktforschung, heute BauData) und internationaler Verleger mit mehr als 25 eigenen Büchern und einigen Magazinen – mit Millionenauflage.

Ich habe in meinem Leben frühzeitig eine Entscheidung getroffen:

Ich tue Dinge, die andere Menschen nicht bereit sind zu tun, dann kann ich Fehler machen, die andere nicht machen können. So kann ich Dinge lernen, die andere gar nicht lernen können. Dann kann man mit dem Gelernten Dinge tun, die andere gar nicht tun können, und nur wenn man Dinge tut, die andere nicht tun können, kann man Dinge erleben, die andere gar nicht erleben können!

Und ich kann rückblickend auf über 40 Jahre Unternehmertum nur sagen: Es hat sich wirklich gelohnt. Mehrmals „erVOLLgreich gescheitert" – das heißt, ich bin dabei gescheiter geworden. Doch dazu später mehr.

1979 sind wir nach Amerika. Zuerst lediglich, um dort ein paar Immobiliengeschäfte zu machen, dann aber 1986 – nach dem Verkauf der Österreichischen Bau-Marktforschung um dort zu leben, zu studieren (40-jährig nochmals ein 2-jähriges College zu besuchen), als Wirtschaftsjournalist vieles Neue zu lernen und unsere Kinder dort in eine Privatschule zu schicken. Das war eine der besten Entscheidungen, die unsere Familie jemals gemeinsam getroffen hat.

Über 20 Jahre habe ich mich in den USA mit der Frage beschäftigt: „Was kann der deutsche mittelständische Unternehmer vom amerikanischen mittelständischen Unternehmer lernen?" – und mein Fazit daraus in einem Satz: *„Wenn es uns gelingt, die hohe Technik, Qualität und Perfektion der Deutschen mit der Kreativität, Einfachheit, Freundlichkeit und Leadership-Philosophie der Amerikaner in der richtigen Weise miteinander zu verbinden, dann sind wir Deutschen am Weltmarkt unschlagbar."*

In diesen 30 Jahren bin ich mehr als 150 Mal hin- und hergeflogen, habe den Atlantik über 300 Mal überquert und dabei gelernt, die positiven Seiten zweier Kulturen in meinem Leben zu verbinden. Es gibt auf beiden Seiten des Atlantiks positive Dinge. Wenn man sie sucht, findet man sie. Wenn man sie dann auch noch miteinander verbindet, entsteht ein Know-how, von dem die meisten Menschen keine Ahnung haben. Die meisten Menschen suchen nämlich nicht das Positive, sondern das Negative.

Ja, es gibt Negatives in Deutschland, ja, es gibt auch viel Negatives in den USA. Wenn du dich aber auf das Negative konzentrierst und das Negative dann auch noch in deinem Leben miteinander verbindest – dir davon deine Zeit stehlen lässt – dann kann der Output deines Lebens nur negativ sein. Ich bin und war immer – trotz widrigster Umstände – ein positiver Mensch und habe mich immer mit den positiven Seiten des Lebens beschäftigt.

In all den Jahren als Wirtschaftsjournalist, Verleger und Buchautor habe ich in Live-Veranstaltungen „around the world" zu weit über 100.000 Menschen gesprochen und meine Bücher, CDs, Hörbücher und Newsletter haben mindestens 1.000.000 Menschen erreicht.

Monika und ich – seit mehr als 30 Jahren verheiratet – sind wahrlich in unserem Element.

Nun leben wir – seit 2007 – wieder in Deutschland. Unsere Kinder sind verheiratet, Monika und ich daher frei, nochmals gemeinsam Großes zu bewegen. Wir sind ja noch jung, gesund, frisch und munter. Und voller Tatendrang.

Das ist mein Leben – wirklich in Kurzform. Ein ereignisreiches Leben, ein herausforderndes Leben. Ein erfülltes Leben in jeder Hinsicht.

Und vergiss nicht: Ich habe 18-jährig mit null gestartet und 1976 – nach dem großen Konkurs – mit Millionen im Minus und einem ruinierten Ruf.

Eines möchte ich noch hinzufügen:

In all den turbulenten Jahren unseres Lebens sind wir auch Gott immer näher gekommen. Wir haben erkannt, dass ein Leben mit Gott viel einfacher zu bewältigen ist als ein Leben ohne Gott, unseren allmächtigen Vater. Daher haben meine Frau und ich bereits 1982 ganz bewusst unser Leben und unsere Familie in die Hände von Jesus Christus gelegt.

Das war die wichtigste Entscheidung unseres Lebens. Die Zugehörigkeit zu einem bestimmten „Verein" ist dabei nicht das Entscheidende. Gott hat unserer Meinung nach keine Vereine gegründet, sondern eine Familie: ER ist der Vater, wir sind seine Kinder. Das gibt Halt und Hilfe in jeder Situation des Lebens.

Das soll auch dir Hoffnung geben, egal wie dein Leben derzeit aussieht. Es gibt immer eine zweite/nächste Chance. Aufstehen, nicht liegenbleiben – das führt in ein erfülltes, erVOLLgreiches Leben.

Was wäre, wenn du nur mehr ein paar Tage zu leben hättest?

Würdest du mehr lachen?

Würdest du mehr lieben?

Würdest du mehr geben?

Würdest du so weiterleben wie bisher?

Stell dir nur einen Moment vor, du wärst jetzt tot.

(denn schließlich wird's ja auch mal so sein)

Und auf einmal gibt dir Gott eine zweite Chance:

eine Auferstehung

einen neuen Start

du könntest nochmals ganz neu anfangen

Wärst du dann glücklicher?

Hättest du dann mehr Mitgefühl mit anderen Menschen?

Würdest du dann mehr lachen? *(auch über dich selbst)*

Würdest du dann mehr geben?

Würdest du dann schneller vergeben? *(dir selbst und anderen)*

Was würde nun passieren mit ...

deinen Träumen

deiner Ehe

deiner Familie

deinen Beziehungen

deiner Gesundheit

deinen Finanzen

... wenn du heute beginnen würdest, einen Tag nach dem anderen solche „Auferstehungs-Tage" zu leben?

Es ist nicht zu spät.

KAPITEL 2

»Ich bin 60 – und ziehe Halbzeitbilanz«

Glaubt der Karl wirklich, dass er 120 wird?

2008 – am 3. Februar – habe ich den 60. Geburtstag gefeiert und nahm dies zum Anlass in mehreren Städten Deutschlands im Rahmen unserer Leadership-Academy (jetzt Umdenk-Akademie) ein Tages-Seminar zu halten zum Thema: „Ich bin 60 und ziehe Halbzeit-Bilanz."

Einige meiner Fans sagten: „Jetzt spinnt der Karl, 60 und Halbzeitbilanz. Glaubt der wirklich, dass er 120 wird?" ... Ich weiß es nicht sicher, aber ich gehe halt mal davon aus. Wann immer meine Zeit abgelaufen ist, bin ich bereit für die Ewigkeit.

Ja, ich habe 2008 meine Halbzeitbilanz gezogen und mir die Fragen gestellt:

Was waren bisher:

Meine DREI wichtigsten Erkenntnisse
Meine DREI wichtigsten Erfahrungen
Meine DREI größten Fehler, die ich gemacht habe.
Meine DREI wichtigsten Fragen, die ich mir mehr und mehr
*   gestellt habe.*
Meine DREI wichtigsten Entscheidungen und
Mein Ausblick in meine nächste Lebenshälfte – insbesondere mal die
*   nächsten 30 Jahre.*

Und was sind die DREI wichtigsten Trends, die uns auf dem weiteren Weg begleiten werden.

Wenn du darüber mehr wissen möchtest, in unserem Medienshop ist dieser 3-teilige Live-Mitschnitt des Seminars erhältlich: **www.wirtschaftsrevolution.de/shop**

Es ist höchst inspirierend, wenn man mit einem positiven Ansatz in die Vergangenheit blickt und sich immer wieder mit der Frage beschäftigt: Was habe ich gelernt?

Was kann ich davon in meine Zukunft mitnehmen?

Was lasse ich lieber in der Vergangenheit zurück, weil es niemandem hilft, wenn ich mich damit weiter beschäftige bzw. sowieso nicht mehr zu ändern ist?

Leben ist Lernen. Lernen ist Leben.

Ziehe auch du mal Halbzeitbilanz, egal wie alt du derzeit bist. Bilanz ziehen ist immer wieder gut und wichtig. Auch dein Leben ist eine Story, die es wert ist – zum Nutzen anderer Menschen – erzählt zu werden. Deine Storys sind Inspiration für andere Menschen, eine Ermutigung für viele, die gerade derzeit in schwierigen Herausforderungen stecken. Hoffentlich nicht steckenbleiben.

In Amerika sagt man nicht umsonst: Facts tell. Storys sell.

Fakten bringen nur Information. Aber Storys verkaufen.

Inspirierendes Storytelling – aus seinem eigenen Leben gegriffen – machen dich zu einem interessanten Gesprächspartner. Das heißt: Menschen suchen deine Nähe und wollen mit dir Gemeinschaft haben und vielleicht sogar mit dir arbeiten.

Bist du schon ein interessanter Gesprächspartner?

Kannst du gut zuhören – aber auch inspirierend Geschichten erzählen?

Wer denkst du, dass du bist?

Wer?

ein Bruder, eine Tochter

eine Mutter, ein Vater

ein(e) Ex ...

ein Arzt, ein Unternehmer

ein ... was immer

Wer denken andere, dass du bist?

der große Alleinunterhalter

der schlechte Beifahrer

das schwarze Schaf der Familie

ein älterer Herr

eine ältere Dame

der Weihnachtsmann

der Pleitier

ein Versager

ein erfolgreicher Unternehmer

der bekannte Sänger

Hast du schon mal nachgedacht wer Gott denkt, dass du bist?

(Er hat dich ja schließlich gemacht, oder?)

Er sagt zum Beispiel über dich:

mein geliebter Sohn

meine geliebte Tochter

mein gewolltes Kind

mein auserwählter Botschafter

meine Schönheit

mein Berufener

mein Einzigartiger

mein wunderbarer Mitarbeiter

mein Unersetzlicher

mein Problemlöser

mein verlängerter Arm auf der Erde

Ja, du bist wertvoll. Gott sagt, dass du wichtig bist. Ein ganz besonderer Schatz — im wahrsten Sinne des Wortes.

KAPITEL 3

Das Leben dauert länger als man glaubt

Stell dir vor: Von 50 bis 80 sind
es nochmals 30 Jahre

Ja, das ist auch eine ganz wichtige Erfahrung in meinem Leben. Junge Leute – wenn sie so 20 bis 30 sind – meinen, ein 50-jähriger sei schon relativ alt. Weit gefehlt.

Mit 50 fängt doch erst das Leben an! Das weiß nur ein 30-jähriger nicht.

Vergiss eines nicht: Die Jahre zwischen 20 und 50 sind 30 Jahre. Die Jahre zwischen 50 und 80 sind aber auch 30 Jahre. Genauso lange 30 Jahre. Und mit 50 startet man in der Regel mit viel besseren Voraussetzungen als man mit 20 gestartet ist.

Erfahrungen, Erkenntnisse, Know-how, Beziehungen, Wissen, Weisheit und vieles mehr. Welch eine Zukunft liegt vor dir!

Denk mal zurück. Sagen wir, du bist jetzt 50. Erinnere dich: Was hast du die letzten 30 Jahre alles bewegt? Gewaltig. Aber jetzt liegen nochmals solche 30 Jahre vor dir – mit einer ganz anderen Startbasis. Kannst du das sehen?

Das Leben dauert viel länger als die meisten meinen.

Manche sagen: Wenn du es mit 30 nicht geschafft hast, wirst du es nie schaffen. Welch ein Stumpfsinn. Dann sagen sie: Aber wenn du es mit 40 nicht geschafft hast, dann wirst du es nie schaffen. Genauso Stumpfsinn, wenn doch das Leben erst mit 50 beginnt.

Schau vorwärts. Du hast noch nichts versäumt. Es ist noch nicht zu spät.

Es liegt noch so viel Gutes vor dir. Wenn du es siehst und es in dir geistige Realität werden lässt, dann wird es sich auch materialisieren, denn Geist ist Ursprung aller Materie. Kannst du dir das vorstellen? … Was du dir nicht vorstellen kannst, wird in deinem Leben auch nicht passieren.

Nimm dir daher Zeit und beschäftige dich mit deiner Zukunft. Egal wie alt du bist. Es ist nie zu spät. Und es lohnt sich immer noch.

Denken wir mal an die Frauen: Bei Frauen geht diese zweite Lebenshälfte in der Regel mit der Tatsache einher, dass die Kinder das Haus verlassen und nun zu Hause eine ganz neue Situation – eine Art von Leere – entsteht, die nach „Antwort" ruft. Dann beginnt für viele Frauen eine ganz neue Zeit.

Was mache ich jetzt mit dem Rest meines Lebens?

Soll ich arbeiten gehen oder nicht?

Soll ich mich jetzt selbstständig machen oder nicht?

Soll ich mich in ein Konsumenten-Netzwerk, Network-Organisation oder ähnliches involvieren oder nicht?

Wie kann ich mir etwas zusätzliches Geld verdienen, damit ich mir Dinge leisten kann, auf die ich bis jetzt – zugunsten der Familie – jahrelang verzichtet habe? '

Wie kann ich meine vielen Erfahrungen, die ich bisher gesammelt habe, zum Vorteil anderer Menschen nutzen und damit mein Leben mit Sinn füllen und ganz neu gestalten?

Fragen über Fragen.

Eines weiß ich sicher: In den Frauen steckt ein Potenzial, Fähigkeiten, Talente, Erfahrungen etc., von denen wir Männer nicht mal eine Ahnung haben. Frauen haben „Software-Programme" eingebaut, von denen wir Männer noch nie was gehört haben, und sind daher zu Problemlösungen fähig, die wir Männer gar nicht zustande bringen.

Man nennt die Frauen ja nicht umsonst die „bessere Hälfte". Das Luxusmodell, während wir Männer ja nur das Standardmodell sind, sozusagen die erste „Sorte", die vom Band gelaufen ist.

Eines kann man ja – wenn man offene Augen, Ohren und Sinne hat – ganz klar feststellen: In allen Kulturen, Religionen oder Ländern, in denen die Frauen unterdrückt werden oder wurden, gibt/gab es keinen wirklichen Wohlstand. Denk mal darüber nach.

Ganz einfach deswegen nicht, weil auf die wunderbaren Fähigkeiten von Frauen verzichtet wird und daher nur die Potenziale der Männer zum Einsatz kommen. Mit viel weniger guten Ergebnissen, als wenn diese wunderbare Kombination von Frauen und Männern auch im „Fähigkeitenbereich" ausgelebt werden würde und nicht nur im körperlichen Bereich.

Stell dir vor, was passieren würde, wenn auch die Frauen all ihre Fähigkeiten so richtig in Form von Problemlösungen verfügbar machen könnten. Wenn Frauen über 45 so richtig aufblühen würden, weil man ihnen dafür auch die Plattform bietet und sie dadurch Möglichkeiten vorfinden, die sie bisher in unserer Gesellschaft nicht hatten.

Stell dir vor, wie unser Land aufblühen würde, wenn wir alle – Frauen und Männer – jenseits von 50 nochmals so richtig aufblühen und unsere ganzen Potenziale – richtig miteinander verbunden – der Menschheit widmen könnten.

Ein gewaltiger Gedanke. Wir sollten gemeinsam etwas dafür tun.

Unser Land braucht „Sanierungskapital".
Es sind nicht die Milliarden, die man den
Banken gibt, die unser Land sanieren, sondern
die Talente, die Erfahrungen, die Beziehungen,
die Weisheit und die Tatkraft, die in den
Menschen über 50 schlummern, und derzeit
nicht freigesetzt werden, weil man sie auf die
Pension vorbereitet. Dieses Potenzial müssen
wir gemeinsam heben und freisetzen.

Ja, das Leben hat seine Höhen und Tiefen.

Aber egal wie tief du fällst oder hineingeschlittert bist, du musst dort nicht bleiben.

Auch wenn du

down bist

arbeitslos

krank

einsam

kraftlos

entmutigt

ungeliebt

hoffnungslos

Schau hinauf — dorthin wo Gott ist, wo dein Leben ist, dein wirkliches Leben.

Er ist dein Helfer

dein Ruhepol

deine rettende Gnade und Barmherzigkeit

Er wird dich wieder aufrichten aus

deiner Vergangenheit

deinen Verletzungen

deinen Fehlern

deinen Abhängigkeiten

deiner (negativ denkenden) Verwandtschaft.

Du wirst wieder über dich hinauswachsen.

Was war bisher deine größte Errungenschaft?

Welche großen Herausforderungen hast du schon gemeistert?

Ja, sie waren vielleicht groß, aber Gott hat noch viel Größeres mit dir vor. Bist du bereit dazu?

KAPITEL 4

»I had a dream« – Meine Entdeckung in Amerika

Die Pioniere Amerikas –
ihre Visionen und ihre Perspektiven

Yes, I had a dream. Schon als Teenager war es mein Traum, einmal nach Amerika zu kommen. Der Traum wurde wahr. 30 Jahre sind wir schon in Amerika tätig und viele Jahre davon waren wir dort auch wohnhaft.

Der Traum hat sich erfüllt, weil wir die dafür notwendigen Entscheidungen getroffen haben. Trotz widrigster Umstände.

Was habe ich in Amerika gelernt? Sehr vieles. Aber ich möchte hier nur eine Sache herausgreifen, die mir die Augen geöffnet hat und hier zum Thema passt:

Ich habe in all den Jahren weit über 100 amerikanische Firmen analysiert, die aus dem Nichts gegründet wurden und zu großen Unternehmungen ausgebaut wurden.

Mich hat immer interessiert: Wer hat die Firma gegründet? Welche Vision hatte dieser Mensch? Was waren die Werte, auf die er sein Leben aufgebaut hat, und was waren seine wichtigsten Entscheidungen?

Und so nebenbei bin ich draufgekommen, dass über die Hälfte all der Firmengründer, die aus dem Nichts tausende Arbeitsplätze geschaffen haben, zum Zeitpunkt der Firmengründung schon über 50 waren.

Und wir in Deutschland schicken diese Menschen in Pension. Welch eine Verschwendung von Potenzialen und Fähigkeiten. Kein Wunder, dass wir hier keine Arbeitsplätze für junge Menschen haben, wenn wir jene, die dafür vom Leben bestens vorbereitet wurden, in Pension schicken. Das ist in meinen Augen eine Katastrophe. Hier müssen wir dringend umdenken.

Wenn in Deutschland ein 55-jähriger mit einem Businessplan zur Bank geht und einen Kredit für eine Firmengründung beantragt, dann sagt ihm der Banker: „Du bist 55, dich können wir nicht mehr finanzieren." Verrückt würde ich sagen.

Lieber „entsorgt" man diese erfahrenen Persönlichkeiten in die Frühpension, bevor man ihnen die Chance gibt, nochmals so richtig durchzustarten und im Interesse der Allgemeinheit und unserer Jugend Arbeitsplätze zu schaffen.

Lieber geht man in Deutschland gegen die Arbeitslosigkeit demonstrieren – wie wenn das auch was bringen würde – als dass man gereiften Menschen die Möglichkeit gibt, nochmals Großes zu bewegen.

Freunde, wir müssen umdenken, wenn Deutschland auch weiterhin zu den führenden Wirtschaftsnationen der Welt gehören möchte.

Lebst du für die Ewigkeit?

Dein Leben ist nur eine Rauchschwade.

ein kurzer Moment
Ein Bindestrich zwischen zwei Punkten: Geburt — Tod.

Was machst du aus diesem, deinen Bindestrich?

Anstatt für dein Traumhaus zu leben, für deinen Sportwagen,
für dein Boot oder für deine sonstigen Spielzeuge ...

Warum nicht für **mehr** leben?

Warum verbringst du nicht mehr von
deiner Zeit
deinem Geld
deinem Leben
kurz: von deinem Bindestrich

mit dem Bauen von Brücken,

dem Heilen von Wunden,

dem Teilen deiner „Sachen", Talenten und Problemlösungen,

Zuhören,

Hinhören,

Ermutigen,

deinen Nächsten zu lieben wie Gott dich liebt?

Das Leben ist kurz. Die Ewigkeit sehr lange.

Du hast nur **einen** Bindestrich — **eine** Chance, **ein** Rennen ...

Warum gibst du daher deinem Bindestrich nicht etwas mehr Ewigkeitswert?

KAPITEL 5

Das Leben kennt vier Phasen

Jede Phase hat ihre besonderen Reize — wenn man sie richtig betrachtet

Ich bin in meinem doch schon längeren und erfahrungsreichen Leben zu folgender Erkenntnis gekommen:

Das Leben kennt vier Phasen.

Ich habe eine 120-Jahre-Perspektive. Du hast vielleicht nur eine 100-Jahre-Perspektive – auch in Ordnung. Wir müssen uns ja nicht überfordern, oder?

Aber egal ob 120 Jahre – das wären 4 x 30 Jahre – oder 100 Jahre – das sind dann 4 x 25 – es sind immer 4 Phasen, die unser Leben schreibt.

Bleiben wir bei der etwas realistischeren 100-Jahre-Perspektive. 100 Jahre ist heute keine Seltenheit mehr. Viele sind schon um die 90 und immer noch relativ gut drauf. Die Lebenserwartung steigt von Jahr zu Jahr.

Nun, bleiben wir bei den 100 Jahren. Also 4 x 25.

Die ersten 25 Jahre sind relativ einfach dargestellt. Man wächst auf und bereitet sich auf die Zukunft vor. Elternhaus, Schule, Studium, Praktikum usw.

Die zweiten 25 Jahre – von 26 bis 50 – das sind die heftigen Jahre. Da passieren Dinge, die du nicht geplant hast. Da passieren Dinge, die du dir nicht gewünscht hast. Da tun oft andere mit dir, was du von denen nicht erwartet hättest. Da geht's oft drunter und drüber. Ungeplant und Ungewollt.

Man heiratet, bekommt Kinder, lässt sich scheiden. Man gründet Firmen und macht Konkurs. Man beginnt Projekte, die das Leben in eine Richtung bringen, für die man keinerlei Vorsorge getroffen hat.

Wer von euch weiß, wovon ich spreche?

Da bist du in der Pfanne. Ich nenne diese Jahre daher die Pfannenjahre.

Da wirst du gekocht, gewürzt, umgedreht, gebraten, gesotten, angestochen, kalt gestellt und wieder aufgewärmt. Gesalzen und gepfeffert. Der Koch hat dich im Griff.

Du wirst zubereitet. Wofür? Für deine göttliche Berufung.

Du wirst genießbar gemacht. Für wen? Für andere Menschen, für deine Zielgruppe.

Ja, die Pfannenjahre haben es in sich.

Man kommt sich vor wie die Forelle, im Wasser unschuldig aufgewachsen, dann in die Pfanne gehauen, weil die Berufung und die Zielgruppe auf sie wartet.

Was würdest du sagen, wenn du im Restaurant eine Forelle bestellst und der Koch geht zum Bach und holt sie raus und legt sie dir auf den Teller – ohne dass sie die Pfanne gesehen hätte. Du würdest sagen: Frechheit. Ungenießbar.

Mir kann keiner erzählen, es wäre die Berufung einer Forelle unter Wasser zu sterben. Es ist der Traum jeder Forelle in ihre Berufung zu kommen, auf dem Teller eines Spitzenrestaurants – als Gaumenfreude für den Genießer – zu landen. Das ist aber nur möglich, wenn die Forelle auch in der Pfanne war.

Genauso ist es meiner Überzeugung nach bei den Menschen. Die göttliche Berufung ist etwas Großartiges. Dafür muss man zubereitet werden. Schließlich sollte man ja – wie die Forelle – für die Zielgruppe genießbar sein. Ein Genuss für andere Menschen. Sonst sucht die Zielgruppe deine Nähe nicht.

Bist du gerade in der Pfanne? Hast du das Gefühl, dass man mit dir gerade Dinge macht, die du dir nicht gewünscht hast?

Dann ist das ein sicheres Zeichen dafür, dass Gott mit dir noch etwas Großes vorhat. Ganz sicher. Sonst würde die Pfanne keinen Sinn machen, oder?

Leider gibt es zu viele Menschen, die tun alles, um der Pfanne zu entgehen. Sie machen einen großen Bogen um die Pfanne herum und wundern sich, dass sich in ihrem Leben nichts Positives tut. Sie lassen nicht zu, dass sich das Zukunftsträchtige in ihrem Leben entwickeln kann.

Wenn du immer versuchst der Pfanne auszuweichen, dann darfst du dich nicht wundern, wenn du für andere Menschen nicht genießbar wirst und diese daher nicht freiwillig deine Nähe suchen. Und wenn andere Menschen nicht freiwillig deine Nähe suchen, dann musst du ihnen nachlaufen. Das müssen leider viel zu viele Menschen tun und wundern sich über den Stress in ihrem Leben.

Geh der Pfanne nicht aus dem Weg. Ich bin ganz sicher, dass du nach dieser „Pfannenstory" dein derzeitiges Pfannenleben viel leichter ertragen kannst, weil du eine großartige Perspektive für deine Zukunft hast – für das erfüllte Leben nach der Pfanne – ein Leben in deiner göttlichen Berufung.

Dann kommen wir zur 3. Phase. Das ist die schönste Zeit des Lebens. Zwischen 50 und 75. Die Kinder sind aus dem Haus. Du kannst dir deine Zeit wieder frei einteilen. Du kannst wieder die Dinge tun, für die du jahrelang keine Zeit – und kein Geld – hattest. Du nimmst viele Dinge nicht mehr so wichtig, weil du erkannt hast, dass gar nicht alles so wichtig ist, wie du immer gemeint hast. Du brauchst niemandem mehr etwas zu beweisen. Stell dir vor, wie einfach dann das Leben wird, wenn man niemandem mehr etwas beweisen muss.

Du bist ganz einfach du mit deiner Einzigartigkeit, deiner Erfahrung, deinen Storys, deinen Problemlösungsfähigkeiten, deiner Menschenkenntnis, deiner Leadership-Fähigkeit und deinen einzigartigen, gottgegebenen Talenten.

Stell dir vor, wie schön dann dein Leben in deiner Berufung wird. Du bist nicht mehr so egoistisch wie früher und daher für andere Menschen viel attraktiver. Attraktivität führt zu mehr Anziehungskraft. Menschen suchen deine Nähe, du bist nie mehr einsam, du liebst die Menschen und die Menschen lieben dich.

Ein herrliches Leben nach der Pfanne. In deiner einzigartigen Berufung mit deiner einzigartigen Zielgruppe rund um dich herum.

Und dann bist du eines Tages 75 – bei mir wären es 90 – vielleicht bei dir dann auch, weil sich deine Perspektive vergrößert/verlängert hat.

Du bist zum Mentor vieler Menschen geworden, ein Mann/eine Frau mit Weisheit, Einsicht und Erkenntnis. Ein Segen für viele.

Und dann bist du eines Tages 90 und sagst: Jetzt bin ich bereit, um heimzugehen zu meinem Vater im Himmel. Und du bereitest dich auf einen geordneten Ausstieg vor. Das ist die 4. Phase. Wie lange diese dauert, wissen wir nicht.

Also, wenn du gerade in der Pfanne bist: Sei guten Mutes! Es hat einen Sinn. Es wartet Großes auf dich. Du wirst ein Genuss für viele Menschen sein.

Wenn wir von den BestAgers (Menschen über 50) sprechen, sehen wir in dieser Gruppe von Menschen nicht die kaufkräftigen Konsumenten, sondern in erster Linie den „förderungswürdigen" Unternehmer, der das Potenzial hätte, noch viele Arbeitsplätze für junge Menschen zu schaffen.

Was sind deine größten Ängste?

Angst in der Finsternis?

Angst vor Spinnen?

Angst vor einem Abgrund?

Was erschreckt dich am meisten?

Ratten?

Ein Anruf deines Bankers?

Der Gedanke ans Sterben?

Was ist es, was dich derzeit beschäftigt?

Angst vor Einsamkeit?

Angst vor Krankheit?

Angst vor Arbeitslosigkeit und Verarmung?

Was ist größer als deine größte Angst?

Gott

Was sagt Gott zu dir?

„Ich habe dir nicht einen Geist der Angst und Furcht gegeben, sondern einen Geist der Kraft, der Liebe, der Besonnenheit ... Ich habe einen Plan für dich, für den ich dich zubereitet habe.

Ich habe dich genießbar gemacht für andere Menschen, damit andere Menschen mit Begeisterung deine Nähe suchen und du in deiner Berufung wirklich erfolgreich bist."

Daher atme mal tief durch. Relax. Die Pfannenjahre hatten seinen guten Grund — Gott hatte nämlich schon immer eine Perspektive für dich für die Zeit nach der Pfanne.

KAPITEL 6

Vom Branchenspezialisten zum Menschenspezialisten

Die beiden Quantensprünge – um 30 und um 50

Kommen wir zum beruflichen Teil des Lebens. Es gibt hier meiner Überzeugung nach drei Spezialisierungsphasen, warum Menschen erfolgreich sind:

1. Bis zum 30. Lebensjahr sind die meisten erfolgreich, weil sie **Produkt-Spezialisten** sind. Sie kennen sich bei Produkten aus. Produkte sind schnelllebig, erfordern viel Information um sich herum und Produkte kommen und gehen. Junge Leute tun sich da in dieser schnelllebigen Zeit viel leichter als wir älteren Semester.

2. Um die 30 machen die meisten dann einen Quantensprung. Vom Produktspezialisten zum **Branchenspezialisten.** Zwischen 30 und 50 sind die meisten erfolgreich, weil sie Branchenspezialisten sind. Sie kennen sich in der Branche aus. Sie wissen, wie der Hase läuft. Sie wissen, wer mit wem unter welcher Decke steckt. Sie wissen, wer wo die Fäden zieht. Sie sind Branchenspezialisten und sind deshalb erfolgreich.

3. Aber spätestens mit 50 muss ein weiterer Quantensprung stattfinden, den aber viele nicht machen, weil sie dafür kein Bewusstsein entwickelt haben. Der Quantensprung vom Branchenspezialisten zum **Menschenspezialisten.** Spätestens mit 50, könnte aber auch schon viel früher geschehen, wenn jemand für die Wichtigkeit dessen ein persönliches Bewusstsein hat.

Leider machen viele diesen Quantensprung nicht und verlieren daher von Jahr zu Jahr immer mehr an Attraktivität. Viele meinen sogar, sie müssten schon mit 45 beginnen ihren Arbeitsplatz abzusichern, indem sie nicht alle Information, all ihr Wissen und Können etc. an die jungen, nachwachsenden Mitarbeiter weitergeben. Sie meinen, wenn sie denen alles sagen und zeigen, dann werden die jungen Leute zu gescheit und dann würden sie sich selbst überflüssig machen.

Aber genau das ist der Punkt. Mit dieser Denkweise machen sich viele selbst überflüssig. Denn die jungen Leute spüren sofort, ob jemand Information zurückhält, ob jemand bereit ist in jüngere Mitarbeiter zu investieren bzw. jemand Angst davor hat, dass die jungen Leute um ihn herum besser werden könnten als er selbst. Und wenn die jungen Leute das spüren bzw. erkennen, dann suchen sie deine Nähe nicht mehr. Und wenn die jungen Leute deine Nähe nicht mehr suchen, verlierst du bei ihnen an Attraktivität und an Anziehungskraft und die automatische Folge ist: Du sitzt eines Tages – 55-jährig – einsam und alleine in deinem Büro. Niemand mehr sucht dich, weil du für andere nicht mehr attraktiv bist. Wer glaubst du, ist dann der erste, der gekündigt wird? Du, weil niemand mehr deine Nähe sucht. Du wolltest zwar deinen Arbeitsplatz absichern, aber gerade damit hast du dich selbst überflüssig gemacht.

Der Quantensprung vom Branchenspezialisten zum Menschen-spezialisten ist unabdingbar, wenn du jenseits von 55 noch ein erfülltes, attraktives und erVOLLgreiches Leben leben möchtest.

So mancher deutsche Manager feiert seinen 64. Geburtstag. Sein Haus ist voll mit Geburtstagsgästen. Mit 65 geht er in Pension. An seinem 66. Geburtstag singt er zwar mit Udo Jürgens: „Mit 66 Jahren fängt das Leben an …", aber sein Haus ist leer. Keiner mehr kommt zu seiner Geburtstagsfeier. Warum? Weil er seine Wichtigkeit, seine Attraktivität aus seiner Management-Position bezogen hat, die er nicht mehr hat, und nicht aus einer zwischenmenschlichen Beziehung und persönlichen Attraktivität als Mensch, Leader, Mentor und Freund.

Dieser Quantensprung vom Branchenspezialisten zum Menschenspezialisten ist möglicherweise der wichtigste in deinem Leben. Mach ihn so früh wie möglich. Du musst damit nicht bis zum 50. Geburtstag warten.

Wer in den ersten 50 Jahren
seines Lebens viel Mist gebaut hat,
dem braucht nicht bange zu sein.
Er hat nämlich viel Dünger für
seine Zukunft gesammelt.
Dort wo Dünger ist, gibt es auch
Wachstum und Frucht.

Wie klingt es derzeit in deinem Leben?

Das Telefon läutet – zu Hause oder im Büro.

Der Hund bellt – ohne Grund.

Es donnert, stürmt und regnet.

Die Kinder schreien, Autos hupen, der Verkehr lärmt.

Der Fernseher läuft – ohne dass jemand wirklich schaut.

Die Menge brüllt – beim Fußballspiel.

Das Radio läuft – und niemand hört hin.

Die Menschen um dich herum reden, reden, reden.

Wie klingt Gott?

Wie kannst du das wissen, wenn es so viel Lärm
um dich herum gibt?

Wir leben in einer großen, lauten Welt.

Gott aber spricht ganz leise zu deinem Herzen –
und du hörst es nicht?

Komm zur Besinnung. Nimm dir mal eine ruhige Zeit.

Lass los!

Drücke den „Stumm-Knopf" – oder schalt mal alles aus.

Komm runter von deiner Achterbahn.

Denn Großes wartet auf dich. Gott spricht. Hörst du ihn?
Er sucht Menschenspezialisten.

Mit 60 zog ich meine
Halbzeitbilanz.
Ich bin nicht sicher,
ob ich wirklich 120 werde,
aber auf alle Fälle habe
ich eine starke Perspektive
für meine zweite Lebenshälfte.
Das macht stark.

KAPITEL 7

Das 50. ist das Jubeljahr!

Was im Jubeljahr passiert, ist sehr ermutigend

Wer die Bibel kennt, weiß, dass im Alten Testament immer das 50. Jahr das Jubeljahr war. In diesem Jubeljahr wurden die Sklaven in die Freiheit entlassen und Besitztümer dem ursprünglichen Besitzer wieder zurückgegeben.

7 Jahre sind ein biblischer Zyklus, der vielen Menschen bekannt ist. 7 x 7 Jahre sind 49 – eine Vervollkommnung. Das 50. Jahr wurde immer als Jubeljahr gefeiert. Freiheit, Rückgabe und Neuanfang kennzeichnen das Jubeljahr als Gabe Gottes an die Menschen.

Ich glaube nicht, dass sich da etwas geändert hat. Gott ändert seine Gesetzmäßigkeiten nicht – und sie funktionieren. Daher sind auch heute noch viele Menschen überzeugt davon, dass mit 50 ein neues Leben beginnt.

Und nun meine persönliche Ergänzung dazu: Ich glaube auch, dass Gott im Jubeljahr für dich aus dem Mist, den du bis dahin gebaut hast, Dünger für die Zukunft macht. Spitze finde ich das.

Ich habe in meinen ersten 50 Lebensjahren eine Menge Mist gebaut. Das Mistbauen war eine besondere Spezialität bei mir, weil ich mich vor dem Fehlermachen nicht gefürchtet habe. Angst war nie mein Ratgeber, daher habe ich Dinge getan, die andere nie tun würden, und dabei Dinge gelernt, die andere nie lernen können. Diesen Mist, den ich da – in allen möglichen Bereichen meines Lebens – gebaut habe, hat Gott für mich zum Dünger gemacht. Daher habe ich so viel Dünger. Daher blühen wir auch so richtig auf. Und wer blüht, bringt als automatische Folge davon auch Frucht. Das erleben wir ganz besonders in den letzten Jahren.

Leider gibt es so viele Menschen, die tun alles, um ja keinen Mist zu bauen. Ja keine Fehler machen. Ja keinen Mist bauen. Ja nichts falsch machen, lautet ihre Lebensdevise und sie wundern sich, wenn sie dann für die zweite Lebenshälfte keinen Dünger haben und sich nichts mehr rührt in ihrem Leben.

Geh dem Mistbauen nicht aus dem Weg. Und wenn du schon über 50 bist, dann sei dir gewiss, dein Mist der Vergangenheit ist dein Dünger für deine Zukunft. Du musst das aber auch so sehen, ein Bewusstsein dafür entwickeln und diesen Dünger dann auch für dich und für andere Menschen einsetzen.

**Wurde dein Leben zerstört, zerbrochen, erschüttert ...
und du glaubst vielleicht, es sei irreparabel?**

Hast du den Eindruck, dein Leben gehört auf den Müllhaufen,
ist ein einziger Mist, den du gebaut hast?

Vergiss nicht:

Gott macht aus Mist Dünger.

Er macht aus Müll Reichtümer.

Er macht aus einem Versager einen großen Sieger.

**Du hast vielleicht den Eindruck, du bist bereits auf dem
Müllhaufen, aber Gott hat keine Angst vor einem Müllhaufen,
er ist gerne bereit den ganzen Müllhaufen zu durchstöbern,
um dich zu finden.**

Und aus dir das zu machen, wofür er dich geschaffen hat.

Wo wir Mist sehen, sieht er Dünger.

Wo wir Fehler sehen, sieht er Potenziale.

Wo wir Stolpersteine sehen, sieht er Sprungbretter.

Wo wir Tod sehen, sieht er Leben.

Er macht Schönheit aus Asche.
Bringt Freudenöl statt Trauer.
Er kauft dich frei von deiner Vergangenheit und baut dir das Sprungbrett für eine neue Zukunft.

KAPITEL 8

Der Sinn des Lebens:

Was haben andere Menschen davon, dass es mich gibt?

Der Menschenspezialist wird nie arbeitslos. Das ist sicher. Egal wie alt er wird, egal in welcher Branche er arbeitet und egal in welchem Land er lebt. Wer die Fähigkeit entwickelt hat, sich in andere Menschen zu investieren, sich darüber zu freuen, wenn die jungen Leute von heute besser werden als wir selbst, wer seine Aufgabe darin sieht, die Menschen um sich herum in die Blüte des Lebens – in ihre persönliche Berufung – zu führen, wird nie arbeitslos werden.

Es ist ja ganz logisch: Menschen wollen blühen. Menschen müssen blühen, wenn sie Frucht bringen wollen/sollen.

Willst du ein blühendes Unternehmen haben, müssen deine Mitarbeiter blühen. Wenn du haben möchtest, dass deine Mitarbeiter Frucht bringen, müssen sie **vorher** blühen. Was nicht blüht, bringt auch keine Frucht. Das wusste mein Vater schon. Er war Landwirt. Wenn ein Baum nicht blühte, sagte er: „Da brauchen wir gar nicht zu schauen, ob ein Apfel hervorkommt oder nicht."

Peter Drucker, der berühmte Management-Philosoph Amerikas, der als Jude vor dem zweiten Weltkrieg durch Flucht nach Amerika sein Leben rettete, starb im Herbst 2005 95-jährig. Anlässlich seines Todes waren die Zeitungen in Amerika voll mit Storys über diesen außergewöhnlichen Mann. In einer Zeitung las ich, dass er bis zu seinem Tod noch täglich

Termine mit bedeutenden Wirtschaftsführern der Welt hatte. Er hatte zwar schon seit 10 Jahren kein Flugzeug mehr bestiegen, aber die großen Leader und Manager kamen aus der ganzen Welt nach Kalifornien, nur um eine Stunde mit Peter Drucker sprechen zu können. 95-jährig, war er nie einsam oder alleine, ein hochattraktiver, inspirierender Mentor, dessen Nähe viele suchten. Er war ein interessanter Gesprächspartner.

Peter Drucker war kein ausgeflippter Kapitalist, der nur Geld im Sinn hatte. Nein, er war ein Menschenspezialist, ein visionärer Leader, ein inspirierender Mentor, ein Freund derer, die sich die Frage stellten:

„Was haben andere Menschen davon, dass es mich gibt?"

Diese tägliche Fragestellung eines Menschen ist es, die den großen Unterschied zwischen einem geldorientierten Manager und einem menschenorientierten Leader ausmacht.

Mit dieser täglichen Fragestellung verändert sich nicht nur dein Leben, sondern auch das Leben vieler Menschen um dich herum.

Mit dieser täglichen Fragestellung wirst du nicht nur materiell erVOLLgreich, sondern findest du auch ganz sicher den Sinn deines Lebens.

Was haben andere Menschen davon, dass es dich gibt?

Ja, genau du

mit deiner lausigen Stimme,

mit deiner schlimmen Vergangenheit,

mit deinem schlechten Geschmack,

... oder was sonst andere Leute noch so über dich sagen.

Ja, genau du bist Gottes „Handarbeit", geschaffen, geformt, bestimmt für einen guten Auftrag.

Du bist „die Füße Gottes auf dieser Erde".

Du bist „die Hände Gottes auf dieser Erde".

Du bist „die Stimme Gottes auf dieser Erde".

Daher schau dich um ...

Jemand braucht deine Hilfe.

Jemand sucht deine Talente.

Jemand braucht DICH.

Du kannst bei vielen Menschen dieser Erde den entscheidenden Unterschied machen, wenn du dir täglich die Frage stellst:

„Was haben andere Menschen davon, dass es mich gibt?"

Was uns reifere Herrschaften so
attraktiv macht, ist unsere Bereitschaft,
aus unserem Leben „Storys"
zu erzählen, die andere Menschen
inspirieren und ermutigen.
Es heißt nicht umsonst:
Facts tell - storys sell.
Ein 60-jähriger darf nämlich Dinge sagen,
die ein 30-jähriger besser nicht sagt.

KAPITEL 9

Die Umdenk-Akademie führt zum Menschenspezialist

Wir müssen umdenken: Es geht nicht um Geld auf dieser Welt, es geht um Menschen

Meine Überzeugung, dass in den kommenden Jahren die Menschen über 50 eine ganz wichtige Rolle in Wirtschaft und Gesellschaft spielen werden, hat mich dazu inspiriert, die Umdenk-Akademie® zu gründen.

Ja, wir müssen umdenken. Wir können doch nicht erwarten, dass Arbeitsplätze geschaffen werden, wenn man jene Menschen, die das Zeug und die Voraussetzungen dafür hätten, in Pension schickt.

Einen 55- oder 60-jährigen in Pension zu schicken, der gerade mal die Pfannenjahre hinter sich gebracht und gut zubereitet worden wäre für große Aufgaben, käme mir so vor, – verzeihe mir den Vergleich – als wenn man eine Forelle, die gerade für den Teller des Genießers zubereitet wurde, in die Mülltonne werfen würde. Das kann man doch nicht machen.

Stellen wir uns einmal den volkswirtschaftlichen Schaden vor, der eintritt, wenn man die Leute, die alles Zeug hätten und für große Herausforderungen, Firmengründungen und Arbeitsplatz schaffende Projekte zubereitet sind, in die Pension „entsorgt" und dann noch dazu die jungen – aus diesem Grund auch arbeitslosen – Leute dazu verpflichtet, für die Pensionen dieser „entsorgten Potenziale" aufzukommen. Das kann nicht funktionieren.

Daher müssen wir umdenken. Die 3. Phase des Lebens – die Berufungsphase nach den Pfannenjahren – muss den Menschen wieder viel mehr bewusst gemacht werden. Aber nicht nur das. Wir müssen es auch fördern, dass diese „reiferen Semester" auch die Möglichkeit bekommen, nochmals so richtig durchzustarten und ihre großen Visionen in unserem Land – Arbeitsplatz schaffend und wertschöpfend – zu realisieren.

Deutschland braucht Menschenspezialisten. Und stellen wir uns dann noch zusätzlich vor, was passieren würde, wenn sich diese „Senior-Unternehmer" als Menschenspezialisten wirklich in die jungen Leute so richtig investieren, Talentespezialisten werden und für ihre Mitarbeiter eine Atmosphäre für persönliches Wachstum schaffen. Treibhausklima für Kreativität. Treibhausklima für Spitzenleistungen.

Der Menschenspezialist ist ein Klimaspezialist, ein Atmosphäre-spezialist, ein Spezialist für Fruchtbarkeit. Menschen müssen aufblühen, dann können sie Frucht bringen.

Deutschland wird nicht aufblühen, weil man denen, die die Finanzkrise verursacht haben, weitere Milliarden hinten reinschiebt und sie so dafür belohnt, was sie angerichtet haben.

Deutschland wird nur aufblühen, wenn die vielen Menschen in den Unternehmen (Mitarbeiter und Führungskräfte) so richtig aufblühen und ihre Talente freisetzen für einzigartige, konkurrenzlose Problemlösungen.

Das ist das Ziel unserer Umdenk-Akademie: Wir brauchen mehr Menschenspezialisten, die nach den Pfannenjahren in ihre persönliche Berufung gekommen sind.

Es geht nicht um Geld auf dieser Welt. Es geht um Menschen und um die Frage: „Was wird aus diesen Menschen mit den vielen Talenten und Fähigkeiten?" Einzigartige Problemlösungen für die Zukunft sind die Folge und Deutschland wieder Weltmarktführer, weil die Menschen wieder blühen.

Du brauchst nicht nach Amerika auswandern, um den American Dream zu leben. Das kannst du auch hier in Deutschland tun. Der American Dream ist nämlich sonst nichts als eine andere Denkweise: Just do it. Go for it. You will make it. Yes, we can.

Das Leben ist kein Spaziergang.

Es ist ein Marathon mit einer Menge Hindernisse:

Berge, Täler, Schlaglöcher und Straßengräben, Umleitungen ...

Wenn die Reise lange ist und deine Ziele, deine Träume, deine Bestimmung noch weit in der Ferne liegen,

dann richte deine Augen auf den Siegespreis:

Werde nicht müde, verliere nicht den Mut. Wirf nicht das Handtuch.

Gott wird dir immer wieder Rückenwind geben, wenn du ihn darum bittest.

Er wird deinen Durst löschen, deine Wunden verbinden und heilen, er IST deine Kraft und Stärke.

Daher:

Bleib' dran, glaube an ein starkes Ergebnis, laufe weiter, stimme deinen Lifestyle immer wieder auf deine Ziele ab.

Bis ans Ziel. Gib niemals auf. Es ist immer einen Tag zu früh zum Aufgeben.

Die Zukunft gehört den
Menschenspezialisten.
Es geht nämlich um Menschen auf
dieser Welt und nicht um Geld.
Menschenspezialisten werden
nie arbeitslos sein,
egal in welcher Branche sie tätig sind
und egal wie alt sie werden.

KAPITEL 10

60 Jahre erVOLLgreich gescheitert

Leben heißt lernen, nicht nur um gescheiter zu werden, sondern auch weiser

Ja, ich kann wirklich von mir behaupten, dass ich 60 Jahre erVOLLgreich gescheitert bin. „Gescheitert" kommt von gescheiter geworden. Mir wird vieles unterstellt, aber dass ich die deutsche Sprache erfunden hätte, hat mir noch keiner unterstellt. Gescheitert ist etwas Gutes. Wenn du noch nie gescheitert bist (also gescheiter geworden), ist die Gefahr sehr groß, dass du dumm stirbst. Das ist nun mal so. Das kann aber nicht das Ziel des Lebens sein.

Ich habe in meinem bisher mehr als 60-jährigen Leben viele Dinge getan, die ich nicht mehr tun würde. Man lernt dazu.

Ich habe in diesen mehr als 60 Jahren Dinge gesagt, die ich so auch nicht mehr sagen würde. Man wird gescheiter.

Ich habe mich in meinem Leben immer wieder mit Menschen verbunden, für die ich nicht wirklich zuständig war und denen ich nicht wirklich helfen konnte. Daraus entstanden Verletzungen auf beiden Seiten. Man wird weiser.

Ich habe in meinem Leben aber auch immer wieder andere Menschen, Organisationen etc. verbal attackiert, was ich heute nicht mehr tun würde, weil es gegen die Goldene Regel verstößt, die heißt: „Was du nicht willst, dass man dir tut, das füg' auch keinem anderen zu." Oder anders formuliert: „Was der Mensch sät, das wird er ernten."

Ich habe auch erkannt, dass man im Leben nicht weiterkommt, weil man gegen etwas oder gegen jemand oder gegen eine Organisation etc. ist, sondern weil man **für** etwas eintritt und sich ganz besonders einer bestimmten Gruppe von Menschen hingibt, die man Zielgruppe nennt.

Keiner von uns ist für alle zuständig. Wir haben alle eine bestimmte Gruppe von Menschen zugeteilt bekommen, die mit ihren Bedürfnissen, Nöten und Wünschen am allerbesten zu unseren Talenten und den daraus entstehenden Problemlösungen passen. Man nennt diese Gruppe von Menschen Zielgruppe.

Hast du deine Zielgruppe schon gefunden?

Ich bin dabei, meine Zielgruppe immer besser zu erkennen und je besser mir das gelingt, umso glücklicher bin ich und die Menschen um mich herum.

Ja, 60 Jahre erVOLLgreich gescheitert – und das ist noch lange nicht das Ende.

Denkst du, bevor du sprichst oder sprichst du, bevor du denkst?

Bedenke: Deine Zunge lenkt dein Leben genauso wie das kleine Ruder den großen Ozeandampfer lenkt. Wohin sich das kleine Ruder – deine Zunge – dreht, dorthin folgt das ganze Schiff – dein Leben.

Stell dir nun vor: Dein Leben ist ein großes Schiff.

Welche Worte lenken dein Schiff?

Sind es schöpferische Worte?

Sind es Worte, die aufbauen?

Sind es Worte, die heilen?

Sind es Worte der Ermutigung?

Sind es Worte, die beschützen?

Sind es Worte, die verbinden?

Sind es Worte, die vergeben?

Sind es Worte, die Einheit schaffen?

Sind es Worte, die stärken?

Sind es Worte, die wiederherstellen?

Sind es Worte, die retten?

Sind es Worte, die Freude bringen?

oder

Sind es Worte, die zerstören?

Sind es Worte, die verwunden?

Sind es Worte, die demütigen?

Sind es Worte, die trennen?

Sind es Worte, die erschrecken?

Sind es Worte, die verletzen?

Sind es Worte, die missbrauchen?

Sind es Worte, die zurückweisen?

Was du sagst, das wird auch geschehen und davon hängt auch ab, ob andere Menschen mit Begeisterung deine Nähe suchen oder nicht.

„Tod und Leben liegen in der Macht der Zunge. Wer sie liebevoll gebraucht, genießt ihre Frucht." – Bibel

Welcome to the Club45plus —

Willkommen im Club

Wir laden dich ein, mit uns und vielen Gleichgesinnten gemeinsam die Faszination der zweiten Lebenshälfte zu erleben – früher oder später:

Wer kann Mitglied werden im Club45plus?

Wer ist unsere Zielgruppe?

bis 45 = die Langzeitplaner

Ja, man kann im Club45plus auch schon mit 20 oder 30 Jahren Mitglied werden, wenn du dir bewusst bist, dass das Leben tatsächlich länger dauert als die meisten meinen und du dich frühzeitig auf dein gesamtes Leben richtig vorbereiten möchtest. Also eine Lebensplanung machen – soweit das überhaupt möglich ist.

Man kann nicht zu früh Menschenspezialist werden. Wenn du zu diesen Langzeitplanern gehörst, freuen wir uns sehr, wenn wir uns kennenlernen.

45 bis 50 = die Einsteiger

Wenn mit 50 das Leben beginnt, dann soll man auf alle Fälle mit 45 beginnen, sich darauf vorzubereiten. Noch den letzten Schliff in der Pfanne kriegen, noch die wichtigsten Gewürze dazu und aufpassen, dass keine unnötigen Gewürze dazukommen. Noch einmal in der Pfanne umgedreht und schauen, wie man die Kurve aus der Pfanne am besten kriegt.

50 bis 60 = die Durchstarter

Die Durchstarter sind jene, die wirklich in ihren besten Jahren sind, um nochmals etwas Großes zu bewegen. Zwischen 50 und 60 ist die Power voll verfügbar, die Leistungskurve (nicht körperlich) ist noch nach oben gerichtet und hier gibt es noch die besten Chancen, wirklich seine Berufung zu finden und daraus etwas Einzigartiges zu gestalten.

60 bis 90 = die Mentoren

Zwischen 60 und 90 (das sind 30 Jahre – nicht vergessen!) kann der Mensch Großartiges bewegen, aber nicht, indem er selbst die Arbeit tut, sondern indem er andere ermutigt, inspiriert, coached, berät, begleitet.

Weisheit ist hier der größte Aktivposten, nicht Wissen.

Die Liebe zu den Menschen ist hier die größte Power, nicht das Arbeiten.

Stell dir vor, was da noch alles möglich ist, wenn du nicht mehr anderen Leuten beweisen musst, wie gut du bist, sondern Freude daran hast, wenn deine Mentees (Schützlinge) im Rampenlicht stehen? 30 Jahre, eine lange Zeit mit viel Freude.

ab 90 = die Aussteiger

Und wenn wir dann mal 90 sind, gut …, dann bereiten wir uns auf einen geordneten Ausstieg vor. Keiner von uns weiß, ob er 90 wird oder nicht. Keiner von uns weiß auch, wie lange dann dieser geordnete Ausstieg dauern wird.

Aber eines ist sicher: Wir können auf ein erfülltes Leben zurückblicken. Voller Freude. Und zusehen, wie die Menschen, die wir lieben und in die wir uns investiert haben, ihren Weg gehen, aufblühen und viel Frucht bringen.

Und dann wartet einer auf uns: Unser Vater im Himmel. Und wir freuen uns schon darauf, wenn er dann zu uns sagt: „Gut gemacht mein Sohn/meine Tochter. Du warst ein Segen für meine Menschen."

Und du wirst sagen: „Es hat Sinn gemacht, auf der Erde zu sein. Ich war in meinem Element. Ich habe den Sinn des Lebens gefunden, mein Leben wirklich gelebt."

Also: Welcome to the Club – Willkommen im Club!

„Was haben andere Menschen davon,

dass es mich gibt?"

Wer mit dieser Frage durchs

Leben geht und stets daran arbeitet,

den Nutzen und das Erlebnis

für andere Menschen zu erhöhen,

wird zwischen 50 und 100 die schönsten

Jahre seines Lebens haben.

Wie siehst du deine Situation?

Was du siehst, das ist das, was du bekommst.

Ist dein Glas halb leer oder halb voll?

Hast du den Eindruck, dein Leben sei eine einzige Katastrophe?

Dann nimm dir einen Moment Zeit und erinnere dich daran, was Gott dir alles kostenlos gegeben hat:

Sonne, Mond und Sterne,

den lebensnotwendigen Sauerstoff zum Atmen,

und Wasser zum Trinken,

deine Träume und deine Hoffnung,

dein Lachen, deine Lieder,

Liebe und Vergebung,

Gnade und Barmherzigkeit,

deine Talente, deine Berufung

Daher halte dein halbvolles Glas Gott hin, er füllt es gerne auf.

Und sage Danke.

Ist das nicht erfrischend?

Wir haben allen Grund dafür, wirklich dankbar zu sein.

„Karl, wann gehst du in Pension?"

Wenn du mir diese Frage stellst,

dann musst du schauen,

dass du schneller

laufen kannst als ich.

Ich weiß nicht einmal

wie man Pension schreibt,

ich schlafe im Hotel.

Was sind die Vorteile einer Mitgliedschaft?

Der wöchentliche Newsletter – Motivation – Inspiration – Information

Verlag Gute Nachricht und die Umdenk-Akademie senden seit vielen Jahren jeden Montagmorgen an zehntausende Menschen im deutschsprachigen Raum einen inspirierenden und ermutigenden Newsletter mit dem Titel: „Ermutigung für die Woche". Jedes Clubmitglied bekommt diesen Newsletter ebenfalls kostenlos.

Die monatliche Audio-CD, damit wir ständig in Verbindung bleiben

Jeden Monat senden wir an alle Clubmitglieder eine CD mit aktuellen Informationen, ermutigenden Botschaften und inspirierenden Ideen – damit wir alle up to date bleiben. Informationen und Botschaften, die ganz besonders uns in der zweiten Lebenshälfte neue Power bringen.

Der monatliche Telefoncall – damit wir voneinander hören können.

Jeden Monat bieten wir einen Telefoncall für unsere Mitglieder an, damit wir uns austauschen können und ganz einfach voneinander hören. Aktuelle Informationen werden dabei weitergegeben. Fragen gestellt, Antworten gegeben, gegenseitige Inspiration via Telefon findet statt.

Die regelmäßige Gemeinschaft Gleichgesinnter vor Ort – damit wir uns immer besser kennenlernen und miteinander kooperieren können

Wir ermutigen natürlich alle Clubmitglieder, sich vor Ort – in der Region – regelmäßig zu treffen und Gemeinschaft mit Gleichgesinnten zu haben. Man lernt sich kennen, tauscht sich aus, knüpft neue Kontakte – und wir sind sicher, dass sich dabei die richtigen Leute finden, die gemeinsam etwas bewegen können.

Der regelmäßige Visionspartnertag: Damit wir uns auch geschäftlich verbinden können

Die Umdenk-Trainer und Visionspartner der Umdenk-Akademie treffen sich regelmäßig in der Mitte Deutschlands zum Visionspartner-tag. Zu diesen Visionspartnertagen sind des Öfteren auch Clubmitglieder – zu einem besonderen Seminarbeitrag, der auch die Verpflegung beinhaltet – eingeladen, damit die Clubmitglieder auch deutschlandweit Kontakte zu den Umdenk-Trainern knüpfen können und umgekehrt.

Kooperationen mit Firmen, damit wir immer aktuelle Chancen und Geschäftsmöglichkeiten erfahren

Der Club45plus baut Kooperationen mit verschiedenen Firmen und Organisationen auf, die für die geschäftlichen Möglichkeiten unserer Mitglieder von Vorteil sein können. Wir lieben es, wenn sich Menschen kennenlernen und sich die richtigen Menschen für gemeinsame Projekte treffen.

… und vieles mehr

Du möchtest dich zum Club45plus anmelden?

Das ist möglich auf www.club45plus.com oder via
www.wirtschaftsrevolution.de/club45plus
oder mit dem Formular am Ende des Buches.

Du kannst noch heute dabei sein.

Wer in seinem Leben nie in der Pfanne war,

darf sich nicht wundern,

wenn ihn andere Menschen nicht

als genießbar empfinden.

Die Pfannenjahre sind die Voraussetzung

für eine erVOLLgreiche Zukunft.

Denn Menschen, die genießbar sind,

sind auch attraktiv und haben daher

Anziehungskraft auf andere Menschen.

Wir leben in einer Zeit großer Veränderungen.

Aber weißt du was? Nicht alles verändert sich.

Gott ändert sich nie. Er sagt:

„Egal was passiert, ich werde immer bei dir sein. Egal ob es stürmt oder schneit in deinem Leben, ich bin bei dir. Egal ob die Aktienkurse fallen oder nicht, egal wie die Situation auf dieser Welt weitergeht, ich verlasse dich nicht. Auch wenn du jemanden verloren hast, den du sehr geliebt hast. Sei nicht traurig. Ich bin immer noch hier."

Du bist nicht verlassen.

Du bist nicht vergessen.

Sei dir dessen immer bewusst: Gott ist mit dir.

ÜBER DEN AUTOR

Karl Pilsl, geboren 1948 in Österreich, verheiratet mit Monika und Vater von acht Kindern, ist seit über 40 Jahren selbstständiger Unternehmer. Er hat alle Höhen und Tiefen dieses Lebens erlebt, von großen Erfolgen in den verschiedensten Bereichen, bis hin zur größten Niederlage, die ein Unternehmer erleben kann: dem Konkurs. Seit 1977 ist er im Medien- und Informationsbereich tätig als Marktforscher, Consultant, Public Speaker und Verleger. Er ist selbst Autor von mehr als 25 Büchern zu den Themen Unternehmensstrategie, Leadership, Motivation, Wirtschaftstrends und erVOLLgREICHes Leben.

Seit 1987 ist Karl Pilsl auch in den USA als Wirtschaftsjournalist tätig und beschäftigt sich insbesondere mit der Frage: Was kann der deutsche mittelständische Unternehmer vom amerikanischen mittelständischen Unternehmer lernen?

Hunderttausende seiner Bücher, Hörbücher und DVDs haben, genauso wie Tausende seiner Liveveranstaltungen mit weit über einhunderttausend Zuhörern bisher, zu einem aktiven, begeisterten Leben inspiriert und ermutigt.

Karl Pilsl hat selbst über ein Dutzend Unternehmen und Organisationen in Österreich, Deutschland und den USA gegründet, mit insgesamt Hunderten von Mitarbeitern.

Er ist Gründer von www.wirtschaftsrevolution.de und von Verlag Gute Nachricht GmbH, einem Medienunternehmen, das zum Umdenken anregt. Dazu hat er auch die Umdenk-Akademie® ins Leben gerufen, denn wir müssen umdenken, wenn wir im neuen Jahrtausend auf dieser Erde ein erfülltes Leben leben möchten.

Existenzgründer und klein- und mittelständische Unternehmer gehören zu seiner Kernzielgruppe. Karl Pilsl ist auch der Gründer von www.club45plus.com und seine Leidenschaft besteht in erster Linie darin, Menschen über 45 zu inspirieren, nochmals so richtig durchzustarten, für viele Menschen Arbeitsplätze zu schaffen und Menschen herauszufordern, sich die wichtigste Frage des Lebens zu stellen: *„Was haben andere Menschen davon, dass es mich gibt?"*

Ein aktuelles
Medienverzeichnis bzw. **Seminarangebote**
des Autors Karl Pilsl erhalten Sie bei:

Verlag Gute Nachricht GmbH
Freyunger Str. 53a | D-94146 Vorderschmiding
Tel. +49-8551-9149-0 | Fax +49-8551-9149-14
E-Mail: office@verlag-gute-nachricht.de

oder im Internet:

www.wirtschaftsrevolution.de

Der Autor des Buches steht auch für
individuelle Vortragsveranstaltungen zur Verfügung.
Anfragen richten Sie bitte an den Verlag.

Kostenlose Ermutigung, Inspiration, Motivation und Orientierung für
Ihren privaten und beruflichen ErVOLLg.
Hier kostenlos abonnieren:
www.wirtschaftsrevolution.de/newsletter

Umdenk-Trainer - Der Traumberuf des nächsten Jahrzehnts.
Mehr Information unter **www.umdenk-trainer.de**

AUSZUG UNSERER MEDIEN

Die naturkonforme Strategie

Die Natur ist erfolgreich. Jahr für Jahr. Was macht sie richtig?
Wenn wir aufhören, kompliziert zu denken und bereit sind, von der Natur zu lernen, dann wird das Leben einfach und höchst interessant. Wenn wir aufhören, allen alles recht machen zu wollen und beginnen, uns auf unsere Stärken und Talente und auf unsere Berufung zu konzentrieren, dann wird es sehr einfach, Spitzenleistungen zu erbringen und damit viele Menschen glücklich zu machen.
Die Natur ist Franchising und Network-Marketing zugleich. Die Natur versteht es blendend, sich zu multiplizieren.
Deutschland hat zu viele Manager und zu wenige Leader. Menschen lassen sich nicht managen, Menschen möchten geführt werden.

A5, 120 Seiten, ISBN 978-3-935760-00-3, VK **EUR 12,00**

Was haben andere Menschen davon, dass es mich gibt?
Live-Mitschnitt eines Seminars

Von dieser Fragestellung hängt alles ab: Ihre Zukunft, Ihr ErVOLLg, Ihr Glück. Möchten Sie gerne, dass andere Menschen (Ihre Kunden) mit Begeisterung Ihre Nähe suchen?
Möchten Sie, dass Ihnen Ihre Kunden (und damit das Geld) nachlaufen?
Möchten Sie gerne NIEMALS einsam sein, weil andere Menschen es lieben, Ihre Gesellschaft zu genießen?
In diesem CD-Set erfahren Sie sehr viel mehr über Gesetzmäßigkeiten, die auch Ihr Leben stark und schnell zum Positiven verändern werden, wenn Sie beginnen, danach zu handeln.

4 Audio-CDs, ISBN 978-3-935760-26-3, VK **EUR 38,00**

Georg – Auf der Startbahn in eine außergewöhnliche Karriere

Georg, ein junger Mann, hatte kurz vor Ende seines Studiums immer noch keine Ahnung, was er mit seinem Leben anfangen sollte. Durch einen weisen Mentor findet er den Weg in ein erfülltes Leben. Diese Weisheit steht auch Ihnen zur Verfügung.
Die sieben Schlüsselfähigkeiten und zwölf Lektionen fürs Leben gibt Karl Pilsl auch Ihnen mit auf Ihren Weg. Ein MUSS für jeden Studenten, Schulabgänger und auch "spät berufenen" Existenzgründer.

A5, 187 Seiten, Hardcover, ISBN 978-3-935760-30-0, VK **EUR 19,80**

Naturkonformes Marketing
Live-Mitschnitt eines Vortrags

Die Natur ist erfolgreich. Jahr für Jahr. Was macht sie richtig?
Was suchen die Menschen von heute? Wenn du hast, was andere
Menschen suchen, dann beginnt der Automatismus der Natur:
Denn an den Früchten werdet ihr sie erkennen. Von der Qualität des
Samenkorns hängt die Qualität der Ernte ab.
Bist du bereit, an dir - als Samenkorn - zu arbeiten?
Die Herzen anderer Menschen sind der Ackerboden.
Was muss ich tun, damit die Herzen der Menschen mir zufliegen?

**Besonders interessant und hilfreich für moderne
Marketingunternehmen**

1 Audio-CD, ISBN 978-3-935760-27-0, VK **EUR 14,00**

10 Schritte zu einem erfüllten, ervollgreichen, sinnvollen Leben

Alles beginnt mit einem Traum. Wer keine eigenen Ziele hat, wird immer von anderen
Menschen gelebt. Wer die Führung für sein Leben nicht selbst übernimmt, darf sich nicht
beklagen, wenn er von anderen Menschen wohin geführt wird, wohin er gar nicht wollte.
In diesem Buch zeigt Karl Pilsl 10 wichtige Schritte auf, sich mit der aktuellen Situation und
der eigenen Zukunftsgestaltung zu beschäftigen.
Bedenken Sie: Es gibt keine Grenzen. Nicht für Gedanken, nicht für Ziele.
Nur die Angst vor dem Versagen setzt unsere Grenzen.
Planen Sie Ihr Leben und überlassen Sie es nicht dem Zufall.

A5, 118 Seiten, ISBN 978-3-935760-10-2, VK EUR **12,00**

Deutschland, wohin gehst du?
Live-Mitschnitt eines Seminars

Die Zukunft gehört wieder den Pionieren und den Visionären.
Die Herausforderungen der Zeit.
10 Fehlentwicklungen, die wir so schnell
wie möglich korrigieren müssen.
Die 10 Trends/positive Entwicklungen, die niemand verhindern kann.
Was suchen die Menschen von morgen?
Was sind die 6 sichersten Branchen der Zukunft?
Wie/Wo soll ich jetzt mein Geld anlegen/investieren?
Was ist jetzt die alles entscheidende Frage?

3 Audio-CDs, ISBN 978-3-935760-29-4, VK **EUR 28,00**

ANMELDUNG ZUM CLUB45PLUS

Ich möchte für das kommende Jahr (ausgehend von meinem Anmeldedatum)
im Club45plus dabei sein. Meine Mitgliedschaft verlängert sich automatisch um
ein weiteres Jahr, wenn ich nicht mindestens 1 Monat vor Jahreshauptfälligkeit
mein Abonnement kündige.

Vorname: _____ Nachname: _____

Firma: _____

Straße: _____

PLZ: _____ Ort: _____ Land: _____

Telefon: _____ Telefax: _____

E-Mail: _____

USt.-ID: *(nur Firmen)* _____

Ich erhalte **jeden Monat eine ermutigende Botschaft** in Form einer Audio-CD
zugesandt und genieße weitere Vorteile laut aktueller Info auf
www.club45plus.com.

Jährliches Investment inkl. MwSt.: nur 198,- Euro

Für Abonnenten aus dem europäischen Ausland fällt für den Versand der monaltichen Audio-CDs
ein **Aufpreis** von 25,- Euro (jährl.) an.

❑ Ich bezahle die Club45plus-Mitgliedschaft bequem per Bankeinzug von
   meinem deutschen oder österreichischen Konto.

   *Hiermit ermächtige ich die Verlag Gute Nachricht GmbH den Jahresbeitrag von meinem Konto
   abzubuchen. Wenn mein Konto nicht die erforderliche Deckung aufweist, besteht seitens
   des kontoführenden Kreditinstitutes keine Verpflichtung zur Einlösung.
   Teileinlösungen werden nicht vorgenommen.*

Kontonummer: _____ BLZ: _____

Inhaber: _____ Bank: _____

❑ Ich überweise innerhalb von 8 Tagen nach Erhalt der Rechnung.

_____   _____
Empfehlung von   Datum, Unterschrift

Verlag Gute Nachricht GmbH – Club45plus – Freyunger Str. 53 a – 94146 Vorderschmiding
www.wirtschaftsrevolution.de – www.club45plus.com